ABHANDLUNGEN DER DEUTSCHEN AKADEMIE
DER WISSENSCHAFTEN ZU BERLIN

Klasse für Gesellschaftswissenschaften
Jahrgang 1950 Nr. 1

ASMUS PETERSEN

DIE NEUERE ROSTOCKER THÜNENFORSCHUNG

1952

AKADEMIE-VERLAG · BERLIN

Vorgetragen in der Gesamtsitzung vom 6. Juli 1950
Zum Druck genehmigt am gleichen Tage, ausgegeben am 21. Juli 1952

Erschienen im Akademie-Verlag GmbH., Berlin NW 7, Schiffbauerdamm 19
Veröffentlicht unter der Lizenznummer 1218
des Amtes für Literatur und Verlagswesen der Deutschen Demokratischen Republik
Satz und Druck: Tribüne Verlag und Druckereien des FDGB GmbH, Berlin VOB
Druckerei III Leipzig III/18/36
Bestell- und Verlagsnummer: 2001/50/VI/1
Preis DM 2,50.
Printed in Germany

DIE NEUERE ROSTOCKER THÜNENFORSCHUNG

(JOHANN HEINRICH VON THÜNEN ZUM 100. TODESTAG)

Am 22. September dieses Jahres jährt sich zum 100. Male der Todestag J. H. von Thünens. In diesem Erinnerungsjahr gedenkt die wissenschaftliche Welt eines ihrer Großen. Drei Leistungen sind es vornehmlich gewesen, die dem mecklenburgischen Landwirt den Rang eines klassischen Nationalökonomen eingebracht haben: die landwirtschaftliche Standortslehre, die Lehre vom naturgemäßen Arbeitslohn und die methodologischen Beiträge, mit denen er die Nationalökonomie so sehr bereichert hat.

Die landwirtschaftliche Standortslehre wird im ersten Teil des Isolierten Staates abgehandelt, der 1826 in erster Auflage erschien, 1842 in verbesserter, aber im Grunde doch wenig veränderter Form von Thünen zum zweiten Male herausgegeben wurde und in dieser Form immer noch Auflage um Auflage erlebt. Die landwirtschaftliche Standortslehre Thünens gibt Antwort auf die Frage, wo, in welchem Umfange, in welcher Kombination und mit welcher Intensität die verschiedenen landwirtschaftlichen Erzeugnisse produziert werden und begründet damit die Lehre von der räumlichen Ordnung der Wirtschaft, der heute im Zeitalter der Planung innerhalb der Nationalökonomie eine zentrale Bedeutung zukommt. Es hat fast 100 Jahre gedauert, bis Standortslehren der Industrie[1] und des Gewerbes[2] entstanden, die Thünens epochale Leistung auf den anderen Gebieten der Volkswirtschaft fortsetzten und dort im Anschluß an Thünens Vorgehen Bedeutendes schufen.

Die Lehre vom naturgemäßen Arbeitslohn wird im zweiten Teil des Isolierten Staates abgehandelt, den Thünen 1850 kurz vor seinem Tode herausgab, weniger aus eigener Initiative, da er die Untersuchungen noch nicht für abgeschlossen hielt, mehr auf Drängen seiner Freunde, die ihn überzeugten, daß die bisherigen Ergebnisse jedenfalls zu weiteren Arbeiten anregen würden, die nach der gescheiterten Revolution von 1848 besonders vordringlich erschienen. Das Thünensche Ergebnis $A = \sqrt{ap}$, wonach der naturgemäße Arbeitslohn A gleich sein soll dem geometrischen Mittel aus dem Subsistenzminimum a und dem vom Arbeiter geschaffenen Arbeitsprodukt p $(a : A = A : p)$, wird fast allgemein abgelehnt. Diese Untersuchungen über den naturgemäßen Arbeitslohn sind aber wohl diejenigen, deretwegen so viele Forscher mit dem englischen Nationalökonomen Alfred Marshall sagen: „I loved Thünen above all my other masters".[3]

Im höchsten Ansehen steht Thünen als Methodologe. „Die Einführung der Analyse mit Hilfe des Grenzbegriffs" heißt es in der Dogmengeschichte von J. Schumpeter[4], „und da-

---

[1] A. Weber, Über den Standort der Industrieen, 1. Teil, Tübingen 1909.

[2] W. Christaller, Die zentralen Orte in Süddeutschland. Eine ökonomisch-geographische Untersuchung über die Gesetzmäßigkeit der Verbreitung und Entwicklung der Siedlungen mit städtischen Funktionen. Jena 1933.

[3] Memorials of Alfred Marshall (Edited by A. C. Pigou) London 1925, p. 360.

[4] J. Schumpeter, Epochen der Dogmen- und Methodengeschichte. Grundriß der Sozialökonomie. I. Abteilung, 1924, S. 55.

mit einer der größten Schritte auf dem Wege der Nationalökonomie, ist auf sein Konto zu setzen". In ähnlichem Sinne schreibt A. Marshall[5], „The term marginal increment I borrowed from von Thünens: Der isolierte Staat". In der Tat hat erst Thünen den Grenzbegriff allgemein in die ökonomische Analyse eingeführt, während Grenzbetrachtungen vorher nur bei der Ableitung des Bodengesetzes eine gelegentliche Rolle spielten. Thünen selbst hält die isolierende Methode, die er bei allen seinen Untersuchungen verwendete, das Gedankenexperiment, für das „Wichtigste in seiner ganzen Schrift", wie er in dem Vorwort zur zweiten Auflage von 1842 ausdrücklich betont. Zwar hat Thünen das Gedankenexperiment ebensowenig erfunden wie die Grenzanalyse. Auch die anderen Klassiker haben die isolierende Methode schon verwendet. Wie oft heißt es nicht bei Ricardo „other circumstances being equal". Aber Thünen hat die isolierende Methode, wie es in einer der neuesten Veröffentlichungen über Methodenlehre in der Nationalökonomie heißt[6], nicht nur glänzend angewandt, sondern auch über „deren logischen Charakter einige feinsinnige Bemerkungen" gemacht. Darüber hinaus aber hat Thünen die Versuchsanordnung seines Gedankenexperiments zu Beginn des Isolierten Staates in einem so anschaulichen unvergeßlichen Bilde herausgestellt, daß das Wesen dieser Methode erst durch ihn in die breite Öffentlichkeit drang und daß auch er selbst sich im Gegensatz zu allen seinen Vorgängern seiner Abstraktionen stets bewußt blieb, den isolierten Staat nie für die Wirklichkeit selbst hielt, sondern bei der praktischen Anwendung seiner Ergebnisse die Abweichungen der Konstruktion von der Wirklichkeit stets berücksichtigte, also abnehmend abstrahierte. Auch war er sich über die Grenzen der isolierenden Methode durchaus im klaren, nämlich, daß man leicht in Gedanken trennt, was in Wahrheit eine Wechselwirkung aufeinander ausübt[7].

Wir in Rostock haben besondere Veranlassung, Thünens in diesem Jubiläumsjahr zu gedenken. Betreuen wir doch in der Universität Rostock dessen umfangreichen handschriftlichen Nachlaß. Wir gedenken Thünens aber nicht dadurch, daß wir auf seine drei großen Leistungen hinweisen, die 100 Jahre Thünenforschung herausgestellt haben, wir ehren ihn vielmehr dadurch, daß wir weiterarbeiten an der Erschließung seines Lebenswerkes. Dieses Lebenswerk ist nämlich mit diesen drei großen Leistungen keinesfalls erschlossen. Lassen Sie mich heute berichten über die neuen Ergebnisse, die die Rostocker Thünenforschung in den letzten fünf Jahren gezeitigt hat.

Die neuere Rostocker Thünenforschung hat ergeben, daß die drei bekannten Leistungen Thünens noch größer sind, als man bisher annahm und daß Thünen auf drei weiteren Gebieten Grundlegendes geschaffen hat, und zwar in der landwirtschaftlichen Taxationslehre, auf dem Gebiete der Hebung der Bodenfruchtbarkeit und auf dem Gebiete der Hebung der Arbeitsproduktivität.

Das Wesen der Thünenschen Standortslehre ist in der Rostocker Arbeit aus dem Jahre 1944 „Thünens Isolierter Staat, die Landwirtschaft als Glied der Volkswirtschaft"[8] auseinandergesetzt worden. Der Inhalt dieser Arbeit muß als bekannt vorausgesetzt werden. Es sei hier nur versucht, das Wesen der Thünenschen Standortslehre, so wie es dort erarbeitet wurde, im Anschluß an den Versuch im Vorwort zu jener Arbeit zusammenzufassen. Im isolierten Staat liegt in der Mitte die Stadt als Verkörperung der Volkswirtschaft mit

[5] A. Marshall, Principles of Economics. London 1922. Preface to the first edition, p. X.

[6] W. Eucken, Die Grundlagen der Nationalökonomie. 4. Auflage 1944, S. 323.

[7] J. H. von Thünen, Der isolierte Staat. II. Teil 1. Abteilung 1850, S. 8.

[8] A. Petersen, Thünens Isolierter Staat. Die Landwirtschaft als Glied der Volkswirtschaft. Berlin 1944.

ihrem Bedarf an landwirtschaftlichen Erzeugnissen. Um diese Stadt herum dehnt sich die Landwirtschaft, die diesen Bedarf zu decken hat. Untersucht wird nun, wie sich die landwirtschaftliche Produktion um diese Stadt herumlagern muß, um diesen Bedarf möglichst wohlfeil zu decken, und welche Preise und Preisverhältnisse der landwirtschaftlichen Erzeugnisse und Erzeugungsmittel sich dementsprechend ausbilden müssen, damit die Landwirte auf ihre Kosten kommen, wenn sie jeweils das anbauen, was die Volkswirtschaft im Interesse der billigsten Bedarfsdeckung von ihnen verlangt.

Schumpeter sagt einmal in seiner Dogmengeschichte der Nationalökonomie, daß man sich nirgends dem Walten des Genies näher fühle als beim Studium der einen Seite des tableau économique, auf der der volkswirtschaftliche Kreislauf erstmalig dargestellt wird, während die meisten die Zickzacklinien dieses ökonomischen Gemäldes bestenfalls für eine geniale Spielerei halten. Ich stehe nicht an, dasselbe für das Kreisbild des Isolierten Staates in Anspruch zu nehmen. Zwar reicht Quesnay insofern weiter, als er den gesamten volkswirtschaftlichen Kreislauf erstmalig darstellte und Thünen nur die Eingliederung der landwirtschaftlichen Produktion in den gesamten Kreislauf. Aber dafür ist Thünens Theorie auch richtig im Gegensatz zu der von Quesnay.

Trotz der eingehenden Darlegung der Thünenschen Standortslehre in der Arbeit von 1944 im getreuen Anschluß an Thünen will das alte Phantom immer noch nicht aus den Köpfen der Menschen verschwinden, daß die Thünensche Standortslehre doch nur auf eine bloße Intensitätslehre hinausläuft, daß die landwirtschaftliche Produktion sich nach abfallender Intensität um den Markt herum lagert. Der extensive Wald in der zweiten Zone nahe dem Markt müßte eigentlich jeden stutzig machen. Auch ein oberflächliches Studium des Isolierten Staates, das die intensiven Sonderkulturen in der fernen fünften Zone übersieht, weil sie in den Kreisbildern am Schlusse des Isolierten Staates nicht berücksichtigt sind, muß doch immer wieder auf Zweifel stoßen beim extensiven Wald in der zweiten marktnahen Zone des Kreisbildes im Anhang. Aber immer wieder übersieht man die stadtnahe Stellung des extensiven Waldes geflissentlich als hoffentlich falsch. Thünen hätte eben als Nichtforstmann eine falsche Standortsstellung gewählt. Genährt wird diese falsche Meinung durch das Urteil eines Fachmannes. Der Oberforstmeister W. Pfeil[9] schreibt 1844 in einer Besprechung des Isolierten Staates: „Die Rechnung (daß der Forstkreis näher an der Stadt liegen müsse als der Getreidekreis) mag ganz richtig sein, aber es geht diesen Formeln wie manchen anderen, sie beweisen etwas, was im praktischen Leben ganz anders ist. So finden wir immer, daß, wenn eine Ortschaft ihre Bedürfnisse auf eigenem Grund und Boden erzeugt, und also dem isolierten Staat des Herrn von Thünen gleicht, die Wälder an die Grenze der Feldmark dieses Orts gebracht werden, und die Getreidefelder der Stadt näher liegen. Dies liegt ganz einfach darin, daß das Feld mehr Arbeit bedarf als der Wald und man es deshalb mehr in der Nähe haben muß. *Wenn man nichts zu tun hätte, als das umgeschlagene Holz und das ausgedroschene Getreide abzufahren*[10], so kann ein Scheffel Getreide allerdings weiter verfahren werden als ein Klafter Holz. Aber um den ersteren zu gewinnen, muß man Dünger fahren, mehrere Male pflügen, eggen, säen, ernten und dazu das Feld gar oft besuchen. Dieses ist bei größeren Entfernungen weniger ausführbar, als solche Holzfuhren zu machen, um den Holzbedarf zu holen. Der Halberstädter fährt wohl einige Male des Jahres 6 Meilen weit in den Harz, um Bau- oder Nutzholz, und 4 Meilen weit, um sein Brennholz zu holen, aber er kann die Düngerfuhren im schlechten Wege nicht zwei Meilen weit machen." Daß der Fachmann Pfeil durch diese seine Ausführungen die Standorts-

---

[9] W. Pfeil, Der isolierte Staat. Besprechung „Kritische Blätter für Jagd- und Forstwirtschaft", Leipzig, Bd. 19 (1844), H. 2, S. 36.

[10] Nicht hervorgehoben in den Originalausführungen.

stellung des Waldes im isolierten Staate bestätigt, wird nicht bemerkt. Im isolierten Staat bei der Lagerung der Produktion um ein Konsumzentrum (und nicht um ein Produktionszentrum) handelt es sich in der Tat nur um die vergleichsweise Transportierbarkeit von Holz und Getreide, von der Pfeil in dem von uns hervorgehobenen Satz schreibt, wobei tatsächlich auch nach Pfeil das Holz als schwerer transportabel gegenüber dem Getreide den marktnäheren Standort erobert. Die sonstigen Ausführungen Pfeils, die alle der Thünenschen Lehre entgegenzustehen scheinen, betreffen nicht die Lagerung der Produktion um ein Konsumzentrum, sondern um ein Produktionszentrum. Hier erobert allerdings umgekehrt das Getreide gegenüber dem Holz den stadtnäheren Standort, weil bei dessen Produktion einschließlich Einerntung mehr Wege zu machen sind als bei der Beschaffung des Holzes. Das widerspricht aber keineswegs der Thünenschen Lehre. Auch Thünen verweist den Wald zum Zwecke der Brennholzgewinnung bei Produktionsstätten jenseits des Getreidebaus an den Rand der Feldmark. In seinem „Erachten über die Verbesserung des Ackerbaus der Städte“[11] kommt Thünen 1831 zu einer Zonierung der Produktionen um die Ackerbürgerstadt, die Herrn Pfeil voll befriedigt hätte. Wir übergehen die ersten Ausführungen des grundlegenden Beitrages, in denen auf Grund von vergleichsweisen Produktionskostenrechnungen nachgewiesen wird, daß nur die Produktion von Milch, Kartoffeln und Brennholz sich auf dem Stadtfelde lohnt, während Getreide und Wolle billiger aus der umgebenden Landwirtschaft bezogen werden und gehen gleich über zu der von Thünen als rationell vorgeschlagenen Zonierung der gärtnerischen, landwirtschaftlichen und forstwirtschaftlichen Produktion um die Ackerbürgerstadt von 3000 Einwohnern als Produktionszentrum.

Um die Stadtmauer herum liegen zunächst die Gärten für die Hilfsbedürftigen und die Tagelöhner zum Flachs- und Kartoffelbau. Der Flachsbau paßt zwar wegen des hohen Arbeitsbedarfs und der niedrigen Transportkosten des Flachses bzw. der Leinwand an sich besser in die marktfernen Gegenden mit niedrigen Arbeitslöhnen und nicht auf das Stadtfeld, aber er verdient hier nach Thünen doch Berücksichtigung, weil er sonst nicht verwertbare Arbeitskraft nutzbringend zu verwenden gestattet. Thünen schreibt, „Man gebe dem Hilfsbedürftigen auf dem schönsten und nächsten Acker der Stadt Land zum Flachs- und Kartoffelbau unentgeltlich. Die Kraft des Menschen wird neu beflügelt, wenn das, was er hervorbringt, ihm gehört, wenn das Produkt der Arbeit zugleich der Lohn der Arbeit ist. Auch der Schwache, der für Tagelohn nicht mehr arbeiten will oder kann, wird hier noch zur erneuerten Tätigkeit hingerissen und ist bei der Arbeit seines Lebens froh . . . Der Flachsbau gewährt den großen Nutzen, daß die Hilfsbedürftigen dadurch nicht bloß im Sommer, sondern auch während des Winters durch Spinnen nützlich beschäftigt werden, und in dieser Beziehung verdient der Flachsbau den Vorzug vor dem Kartoffelbau. Aber nicht bloß zur Unterstützung der Armen, sondern auch zur Verhütung der Verarmung scheint es mir zweckmäßig zu sein, an die Tagelöhner der Stadt Land zum Kartoffel- und Flachsbau zu einer niedrigen Pacht und in genügender Ausdehnung zu überlassen“.

In der zweiten Zone bis zu einer Entfernung von 100 Ruten (465,45 m) von der Ringmauer der Stadt ist von den Ackerbürgern zweckmäßigerweise eine Art intensive Fruchtwechselwirtschaft zu betreiben mit möglichst viel Klee- und sonstigem Futterbau zur Winterernährung des Milchviehs und mit einem ausgedehnten Kartoffelbau. Getreidebau ist hier nur zwischengeschoben aus Fruchtfolgegründen. Wert ist dabei vor allem auf die Produktion von Futter- und Streustroh zu legen.

Anschließend an diese zweite Zone der intensiven Fruchtwechselwirtschaft von etwa 100 ha Größe erstreckt sich dann als dritte Zone die restliche landwirtschaftlich genutzte

---

[11] J. H. von Thünen, Erachten über die Verbesserung des Ackerbaus der Städte. Neue Annalen der Mecklenburgischen Landwirtschaftsgesellschaft. Rostock 1831, Seite 337—433.

Feldmark der Stadt bis zu einer Entfernung von einer viertel Meile (1,85 km) von dem Mittelpunkt der Stadt in einer Ausdehnung von etwa 900 ha. Eine intensive Koppelwirtschaft wird von Thünen für diese Zone als rationelles Wirtschaftssystem vorgeschlagen mit der 6feldrigen Folge 1. Reine Brache, gedüngt; 2. Winterkorn; 3. Kartoffeln und Flachs, gedüngt; Sommerkorn; 4. Sommerkorn; 5. Mähklee, Weide; 6. Weide. Der Futterbau steht also auch hier im Mittelpunkt, der Kartoffelbau nimmt einen halben Schlag ein, wobei streng darauf zu achten ist, daß nur der stadtnähere Teil des Schlages mit Kartoffeln bestellt wird. Der Getreidebau dient auch hier hauptsächlich zur Strohproduktion.

Jenseits der landwirtschaftlich genutzten Zonen dehnt sich dann als vierte Zone der Wald zur Brennholzgewinnung. Thünen berechnet den Bedarf der Stadt, wenn zur Hälfte mit Torf gefeuert wird, auf 78 Quadratruten Birkenwald je Kopf der Bevölkerung, also bei 3000 Einwohnern auf 234000 Quadratruten oder reichlich 500 ha.

Eine von mir entworfene bildliche Darstellung möge diese Zonierung der Produktion um die Ackerbürgerstadt als Produktionszentrum abschließen. Sie wird hoffentlich dazu beitragen, daß man die Standortstellung des Waldes im isolierten Staate endlich ernst nimmt und der extensive Wald in der Marktnähe Veranlassung sein wird, sich die wahren Standortsgesetze des Isolierten Staates zu erarbeiten.

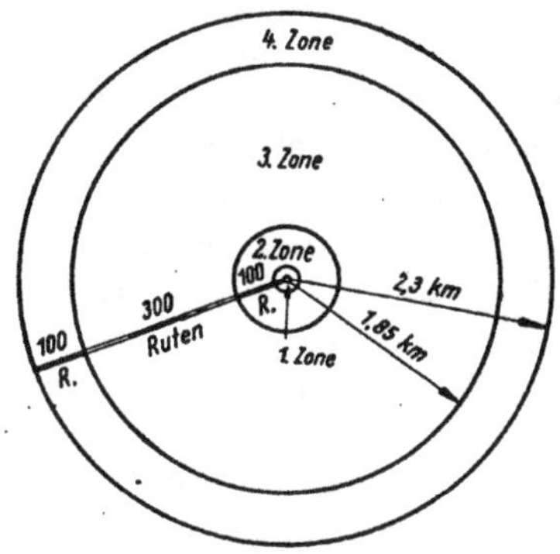

1. Zone: Hochintensiver Gartenbau (10 ha)
2. Zone: Intensive Fruchtwechselwirtschaft (100 ha)
3. Zone: Intensivere Koppelwirtschaft (mit Kartoffelbau) } (900 ha)
„ : Extensivere Koppelwirtschaft (ohne Kartoffelbau) } (900 ha)
4. Zone: Wald (500 ha)

Die Zonierung der gärtnerischen, landwirtschaftlichen und forstwirtschaftlichen Produktion um die Ackerbürgerstadt von 3000 Einwohnern als Produktionszentrum

nach Thünen

Zu diesem vertieften Verständnis des Isolierten Staates kommt man nur, wenn man den grundlegenden Paragraphen 19 beim Studium nicht überschlägt. In diesem Paragraphen wird gezeigt, wie man durch die vergleichsweise Summierung der Standortsformeln den wohlfeilsten Standort der einzelnen Erzeugungen bestimmt. In den Standortsformeln sind die Kostenelemente einer Frachteinheit der verschiedenen landwirtschaftlichen Erzeugnisse, die Produktionskosten, die Transportkosten und die Landrentenbelastung als Funktionen der Marktentfernung ausgedrückt. Ihre vergleichsweise Summierung zeigt also, wieviel billiger oder teurer die einzelnen Produkte sich aus der Marktnähe als aus der Marktferne beschaffen lassen. Dasjenige Produkt erobert den marktnäheren Standort, dessen Beschaffung sich bei Verschiebung des Anbaus nach der Marktnähe am meisten verbilligt. Auf diese Weise wird der Standort jedes einzelnen landwirtschaftlichen Erzeugnisses im isolierten Staat bestimmt. Die moderne Form dieses Vorgehens ist die Rechnung mit dem Grundrentenindex Theodor Brinkmanns.

Unter Berufung auf Mathieu Wolkoff[12], der den zweiten Teil des IsoliertenStaates ins Französische übersetzte und seine Übersetzung zum besseren Verständnis zusammen mit Kommentierungen zum ersten Teil herausgab, wird neuerdings wieder behauptet, daß auch der Formel am Schlusse des § 5b

$$1 \text{ Scheffel} = \frac{ax - b(1-p)(aqx+c)}{hp(aqx+c)} \text{ Taler}$$

bei der Ableitung der Standortsgesetze eine zentrale Stellung zukäme. Diese Meinung geht völlig fehl. Die vermeintliche Preisformel hat nichts mit der Bestimmung des Standorts der landwirtschaftlichen Erzeugungen und der Preisverhältnisse der verschiedenen landwirtschaftlichen Erzeugnisse, also nichts mit dem Hauptinhalt des Isolierten Staates zu tun; sie hat auch nicht einmal etwas zu tun mit der Bestimmung des Getreidepreises im isolierten Staat, was man vielleicht annehmen könnte, wenn man diese Formel als solche aus dem Zusammenhang herausgerissen betrachtet. Sie hat lediglich etwas zu tun mit der vergleichsweisen Bestimmung desjenigen Getreidepreises, bei dem die Landrente auf den Böden verschiedener Ertragsfähigkeit (x drückt den Körnerertrag je Flächeneinheit aus) gleich Null wird unter Voraussetzung der im isolierten Staat zugrunde gelegten Tellower Verkaufserlöse und Unkosten und der dort zugrunde gelegten Gesetzmäßigkeiten über die Änderungen der Verkaufserlöse und der Unkosten mit der Bodengüte und der Verkehrslage. Die vermeintliche Preisformel hat dort einzig und allein eine methodologische Bedeutung. Thünen faßt zum Schlusse des § 5b das algebraisch zusammen, was er vorher logisch deduktiv abgeleitet hatte, nämlich, daß die Renten auf besseren Böden erst bei niedrigeren Getreidepreisen verschwinden als auf geringeren Böden, um durch die algebraische Wiedergabe zu beweisen, daß das Tellower Zahlenmaterial, mit dem er bei seinen Ableitungen operiert, bei der Herausarbeitung der Gesetzmäßigkeiten keine Rolle spielt. Unmißverständlich heißt es am Schlusse des § 5b, „Das Gesetz, je mehr die Fruchtbarkeit des Bodens abnimmt, um desto kostbarer wird die Erzeugung des Korns, ist hierdurch nun ganz allgemein bewiesen. In der Tat hätte es nicht der Mühe gelohnt, einen einfachen schon bekannten Satz, der auch durch bloßes Raisonnement überzeugend dargetan werden kann, durch eine ausführliche Rechnung zu erweisen, wenn es hier nicht zugleich Zweck gewesen wäre, die Methode, wie der Beweis geführt werden kann, zu zeigen, und die Gesichtspunkte, wonach die folgenden Untersuchungen zu betrachten sind, ein für allemal festzustellen". Wie anders heißt es dagegen im § 19 bei Abhandlung der Standortsformeln und ihrer vergleichsweisen Summierung. „Wir haben durch diese Untersuchung eine Formel erhalten, die nicht bloß zur Bestimmung des Holzpreises dient, sondern in der Tat von einer solchen allgemeinen Gültigkeit ist, daß wir dadurch für den isolierten Staat den Preis jedes landwirtschaftlichen Produkts bestimmen und die Gegend, wo der Anbau desselben geschehen muß, nachweisen können — wenn Produktionskosten, Landrente und Bedarf bekannt sind". Man lasse sich also durch das Studium der vermeintlichen Preisformel des § 5b, die in Wahrheit eine methodologische Bedeutung hat, nicht abhalten vom Studium der Standortsformeln, deren vergleichende Summierung allein entscheidet über den Standort sämtlicher Produktionen im isolierten Staat.

G. Pavlovsky hat 1942 in einer längeren Abhandlung[13] auseinandergesetzt, daß arbeitsintensive landwirtschaftliche Kulturen, wenn sie nicht ein zu massiges Produkt liefern, ihren Standort unabhängig von der Marktlage überall dort haben, wo günstige natürliche

---

[12] M. Wolkoff, Le salaire naturel, Paris 1857, S. 54.

[13] G. Pavlovsky, Zur Frage der räumlichen Gestaltung der Landwirtschaft. Intern. Landw. Rundschau I, 33. Jahrg. 1942, S. 337—373.

Verhältnisse zusammentreffen mit einer agraren Überbevölkerung oder kostenmäßig gesehen mit niedrigen Arbeitslöhnen bzw. mit niedrigen Lohnansprüchen der landbautreibenden Bevölkerung. Man müsse überhaupt die agrare Bevölkerungsdichte, da sie oft nicht ökonomisch bedingt sei, als besondere Standortskraft bei der Untersuchung landwirtschaftlicher Standortsfragen einsetzen, ähnlich wie schon die industrielle Standortslehre von jeher das Vorhandensein besonders günstiger Arbeiterverhältnisse bei allen ihren Ableitungen an erster Stelle mit berücksichtigt. Pavlovsky weist zum Beweise seiner Theorie auf das zaristische Rußland hin, wo Unterschiede im Reallohn der Landarbeiter von 100% je nach der Dichte der agraren Bevölkerung vorhanden waren und auf die nicht minder großen Unterschiede im Reallohn der Landarbeiter in den USA. Diese Ausführungen Pavlovskys sind sehr verdienstlich und richtig. Nur stehen sie nicht, wie er meint, im Widerspruch, sondern im Gegenteil in voller Übereinstimmung mit dem Isolierten Staat und mit den Lehren der landwirtschaftlichen Standortsforscher nach Thünen.

Thünen hat nur im Isolierten Staat gleichen Reallohn angenommen; bei der Erklärung der Wirklichkeit hat er die dort vorhandenen Abweichungen voll in Rechnung gestellt.

Er sah sehr wohl, wie Pavlovsky selbst zugibt, die großen Unterschiede im Reallohn zwischen dem übervölkerten Polen und dem Neuland Amerika und die sich daraus ergebenden Folgerungen in bezug auf die Wahl arbeitsintensiver und arbeitsextensiver Kulturen.

Er sah sehr wohl, daß die bäuerlichen Kleinwirtschaften in vielen Gegenden mit Arbeitskräften übersetzt sind und zur Verwertung dieser einmal vorhandenen Arbeitskraft viel intensiver wirtschaften müssen, als es die Preis- und Rentabilitätsverhältnisse eigentlich gestatten, worauf später immer wieder besonders E. Laur[14] mit allem Nachdruck hingewiesen hat. Er sah weiter, daß das Blühen und Gedeihen vieler intensiver Spezialkulturen, die den Ruhm und Reichtum ganzer Gegenden ausmachen, nicht auf der Gunst der Marktlage beruht, sondern daß der Vorsprung gegen andere Gegenden in erster Linie auf der in langer Tradition sorgfältig gepflegten Überlegenheit ganzer Bevölkerungsschichten in der Gewinnung und Verarbeitung der Spezialkulturen zurückzuführen ist und daß dieser Vorsprung nur durch systematische Schulung in den anderen Ländern aufgeholt werden kann. Wie oft machte nicht Thünen den Vorschlag, belgische Flachsbauern als Kolonisten nach Mecklenburg zu ziehen, um den Flachsbau zu fördern; sein Vorschlag im „saperlotschen" Verein, die Bauernkinder in fortgeschrittene Länder reisen zu lassen, brachte ihm den Spott Fritz Reuters in dessen „Reis na Belligen" ein.

Von hier aus kann man also die Thünensche Standortslehre nicht angreifen, nicht erweitern und ausbauen. Beim genauen Studium des Isolierten Staates wird sich zeigen, daß Thünen bereits alle Standortskräfte berücksichtigt hat, die wir heute kennen. Nur darf man beim Studium die Kapitel über die Anwendung der Ergebnisse auf die Wirklichkeit nicht übergehen.

Eines Ausbaus bedarf die Thünensche Standortslehre dagegen, wenn sie auch im Rahmen der Planwirtschaft angewendet werden soll. An sich ist sie entstanden als Theorie der freien Verkehrswirtschaft, und nicht alle Teile dieser Theorie werden die freie Wirtschaft überdauern. Schon wenn man die Preise setzt, anstatt sie sich frei bilden zu lassen, ergeben sich z. T. rationellere Verteilungen der landwirtschaftlichen Tätigkeit[15], erst recht ist das der Fall bei der ausgesprochenen Planwirtschaft. Hier muß die Weiterentwicklung der landwirtschaftlichen Standortslehre einsetzen.

---

[14] E. Laur, Bedarf die bäuerliche Betriebslehre einer Neuorientierung? D. L. P. 1934 Nr. 43, 44, 46.

[15] A. Petersen, Thünens Isolierter Staat. 1944, 14. Kapitel.

Über die Thünensche Lohnformel $A = \sqrt{ap}$ liegen aus der neueren Rostocker Thünen forschung zwei Arbeiten vor: eine von W. Braeuer[16] und eine von W. Scholler[17].

W. Braeuer hat seine Arbeit aus dem Jahre 1934[18] weiter ausgebaut. Er kommt dabei zu der Auffassung, daß es sich bei der Thünenschen Lohnformel $A = \sqrt{ap}$ um die Lohnformel des Sozialismus handelt. Die Arbeiter sind bei der Gutsgründung am Rande des isolierten Staates unter sich, also, wie Braeuer meint, im Sozialismus und setzen den Lohn fest, der die größte volkswirtschaftliche Produktivität gewährleistet, ohne daß ein Kapitalist dabei partizipiert.

Es ist nicht schwer nachzuweisen, daß diese These nicht stimmt.

Die bloße Betrachtung der Lohnformel $A = \sqrt{ap}$ zeigt schon, daß es sich hier nicht um die Lohnformel des Sozialismus handeln kann. Der Sozialist verlangt nicht einen Anteil an dem von ihm geschaffenen Produkt, sondern das ganze p.

Auch sind die Arbeiter bei der Gutsgründung am Rande des isolierten Staates wohl unter sich, aber keineswegs im Sozialismus; denn sie handeln bei der Gutsgründung wie Kapitalisten. Sie bestimmen im Gegensatz zu der Meinung Braeuers nicht den Lohn, der die höchste volkswirtschaftliche Produktivität gewährleistet, sondern nach dem unzweideutigen Wortlaut des Isolierten Staates denjenigen Lohn, bei dem die Rente je gutsgründenden Arbeiter am größten ist, den also die Arbeiter anstreben müßten, wenn sie zu Kapitalisten werden. Die Braeuersche Interpretation widerspricht dem Wortlaut und dem Sinne des Isolierten Staates.

Auch Braeuers mathematische Ausführungen zur Lohnformel halten einer Kritik nicht stand. Braeuer läßt im Gegensatz zu Thünen die Gutsgründung nicht in einem Jahre vor sich gehen, sondern in q Jahren und braucht dabei dementsprechend nur den $q$ten Teil der Thünenschen Gutsgründer. Er glaubt durch diese Abänderung das so oft angegriffene q aus der Rechnung auszuschalten. In Wahrheit wird q nur vergessen. Die Rente je Gutsgründer bei Thünen ist $R = \frac{p - (a + y)}{q(a + y)} y$, bei Braeuers „Rekonstruktion“ $R = \frac{p - (a + y)}{a + y} y$. Die Abweichung mit allen daraus folgenden Konsequenzen kommt aber nur dadurch zustande, daß Braeuer vergißt, daß die gutsgründenden Arbeiter, wenn sie nicht wie bei Thünen 1 Jahr, sondern wie bei ihm q Jahre an der Gutsgründung arbeiten, die jährliche Rente des gegründeten Gutes nicht nur durch die Zahl der Gutsgründer teilen müssen, um die größte jährliche Rente je Gutsgründer zu erhalten, sondern zusätzlich durch die Anzahl der Jahre q, die die Gutsgründer bei Braeuer mit der Gutsgründung beschäftigt waren. Dann resultiert aber als die jährliche Rente eines Gutsgründers dieselbe Formel wie bei Thünen.

Schließlich hätte auch Karl Marx es wohl merken müssen, daß in der Thünenschen $\sqrt{ap}$ die sozialistische Lohnformel vorliegt. Karl Marx aber schrieb 1875 an H. Schumacher bei Bestätigung des Empfanges der von diesem soeben herausgegebenen gesammelten Werke Thünens, „Ich habe Thünen immer fast für eine Ausnahme unter den deutschen Ökonomen gehalten, da selbständige objektive Forscher sehr selten unter ihnen zu finden sind. Ich könnte Ihr ganzes Vorwort unterschreiben, wenn sich unsere Standpunkte in der Frage des „Arbeitslohnes“ nicht wesentlich unterschieden. Thünen und Sie selbst betrachten den

---

[16] W. Braeuer, Thünens Lohnformel $\sqrt{ap}$. Rostock 1946. Habilitationsschrift.

[17] W. Scholler, Zusammenhang und Bedeutung der Thünenschen Berechnungen zum 2. Teil des Isolierten Staates. Thünen-Archiv.

[18] W. Braeuer, Falsche Deutungen Thünenscher Begriffe und die sich daraus ergebenden Konsequenzen für die Rekonstruktion der Lohnformel, J. f. N. u. St. Bd. 149, 1934.

Arbeitslohn als unmittelbaren Ausdruck der wirklichen ökonomischen Verhältnisse; ich aber betrachte ihn nur als Erscheinungsform, die den Inhalt verbirgt, der sich wesentlich von seinem Ausdruck unterscheidet."

Die Arbeit W. Schollers ist ein großer Schritt vorwärts auf dem Wege zur endgültigen Klärung der Thünenschen Lohnformel. Wir verdanken W. Scholler bereits einen wichtigen Beitrag zur Thünenforschung[19]. Scholler hat gezeigt, daß die von Thünen entwickelte Formel der mittleren Entfernung eines Punktes von einer Fläche[20] stimmt und daß der von Thünen bei der Ableitung gewählte Weg über die Integralrechnung verbunden mit elementargeometrischen Betrachtungen auf dem endgültigen Wege der modernen allseitigen Lösung des Problems über die Doppelintegration liegt.

W. Scholler geht als erster bei der Klärung der $\sqrt{ap}$ nicht wie alle anderen vor ihm, von dem § 15 aus, sondern erstmalig von dem § 12. Die Schollersche Arbeit ist noch nicht abgeschlossen. Ein wesentliches Ergebnis ist aber unter allen Umständen schon grundlegend für alle weiteren Arbeiten auf diesem Gebiet. Scholler hat die berühmte Tabelle vom 18. 1. 1848, die Thünen selbst für den Höhepunkt aller seiner Forschungen zur $\sqrt{ap}$ hielt und die den Beschluß der 1000 Seiten des handschriftlichen Nachlasses zur $\sqrt{ap}$ bildet, erschlossen.

Zur endgültigen Klärung der $\sqrt{ap}$ wird auch eine im Thünen-Archiv aufgefundene Arbeit über die Anwendung der Lohnformel auf praktische Fälle wesentlich beitragen[21].

Wie das letzte Wort über die $\sqrt{ap}$ einmal lauten wird, ist noch nicht abzusehen. Wahrscheinlich ist Thünens Formel des naturgemäßen Arbeitslohnes eine Utopie. Thünen konnte und wollte es nicht hinnehmen, daß dem Arbeiter im Kapitalismus als Lohn nichts bleibt als das Existenzminimum. Anstatt nun den Kapitalismus als etwas Vorübergehendes zu nehmen, sinnt er nach einer „natürlichen" Möglichkeit für den Arbeiter, innerhalb des Kapitalismus aus dem circulus vitiosus herauszukommen. Er findet diesen Ausweg in der Ansiedlung der Arbeiter auf freiem Lande am Rande des isolierten Staates. Gewiß hat der Arbeiter sich in gewissen historischen Perioden durch das Ausweichen auf freies Land etwas helfen können, so vor allen Dingen in den Jahren nach 1862, als auf Grund des „homestead-law" des Abraham Lincoln in den USA jedem Landsuchenden ausreichend Land am Rande der Bebauung kostenlos übereignet wurde. Infolge der großen Bevölkerungsvermehrung in Europa und der großartigen Entwicklung des Eisenbahn- und Schiffahrtswesens war der Absatz der auf den Heimstätten erzeugten landwirtschäftlichen Produkte zu lohnenden Preisen garantiert. Aber bei der Ansiedlung auf freiem Lande als allgemeine Lösung mußte Thünen mit so vielen Unmöglichkeiten rechnen: Kapitalbildung aus Arbeit, unbegrenzter Absatz der landwirtschaftlichen Erzeugnisse zu lohnenden Preisen u. a. m., daß die Lösung eine Utopie bleibt. Thünen ist der letzte große utopische Sozialist vor dem wissenschaftlichen Sozialismus. Allerdings handelt es sich bei einem so geistreichen und praktischen Manne wie Thünen um eine Utopie, die bei dem Aufbau des Sozialismus durchaus Dienste zu leisten imstande sein wird.

Methodologisch hat Thünen die Nationalökonomie nicht nur durch die vorbildliche Handhabung der isolierenden Methode und durch die durchgängige Verwendung des Grenz-

---

[19] W. Scholler, Die mittlere Entfernung eines Punktes von einer Fläche. Allgemeine Lösung des von Thünen gefundenen Weges und Bestätigung der Thünenschen Methode durch Beschreiten eines neuen Weges über die Doppelintegration. Berlin 1949. Akademie-Verlag.

[20] J. H. von Thünen, Der isolierte Staat. 3. Aufl. 1875, II. Teil, 2. Abteilung S. 433—439.

[21] A. Krüger, Kritische Untersuchungen über Thünens Anwendung seiner Lohnformel $A = \sqrt{ap}$ auf die Verhältnisse des Gutes Teltow. Rostock 1919. Thünen-Archiv.

prinzips bereichert, methodologisch noch bedeutungsvoller ist die Art, wie Thünen die Buchführungsergebnisse seines Betriebes Tellow bei seinen Untersuchungen verwendet. Der Isolierte Staat strotzt ja geradezu von den Zahlen, die Thünen bei der Bewirtschaftung seines Betriebes Tellow gewonnen hatte. Von 1810—1820 hat Thünen „mühsam mit eigener Hand" über alle Einzelheiten seines Betriebes so genau Buch geführt wie keiner vor und nach ihm. Die dabei gewonnenen Zahlen hat er dann in sinngemäßer Abänderung in den Isolierten Staat übernommen. Die Übernahme der privaten Buchführungsergebnisse in die nationalökonomischen Untersuchungen war so neuartig und auffällig, daß fast alle namhaften Nationalökonomen sich über die Rolle des privaten Buchführungsmaterials im Isolierten Staat ausgesprochen haben. Man kam dabei allgemein zu der Überzeugung, daß die Buchführungsergebnisse bei der Ableitung der Gesetze keine Rolle spielen, daß die Gesetze auf Grund prinzipiell richtiger Ansätze und logischen Nachdenkens gefunden worden sind, daß also die Zahlen überflüssig seien, bestenfalls zur Kontrolle dienen[22]. Nur eine Gegenstimme wurde laut. Der Gründer des Thünen-Archivs, der Rostocker Professor der Nationalökonomie R. Ehrenberg, trat kurz nach der Jahrhundertwende mit der These hervor, daß die privaten Buchführungsergebnisse bei der Ableitung der Gesetze die Hauptsache seien. daß Thünen durch Ordnung und Gruppierung der Tellower Buchführungsergebnisse zu seinen Gesetzen gekommen sei[23]. Es ist ein Leichtes nachzuweisen, daß Ehrenberg sich irrt. Sowohl R. Ehrenberg als auch sein Schüler E. Passow[24] haben den Isolierten Staat wie die meisten vorher nur stellenweise gelesen, sie kannten nur einige wenige Gesetze, die Thünen abgeleitet hat, konnten sich also kein wirkliches Urteil darüber bilden, wie Thünen zu seinen Gesetzen gekommen ist. Sie wissen beispielsweise nichts von der Anordnung der verschiedenen Landwirtschaftszweige um den Markt herum, die Thünen rein mathematisch ableitet und die den Hauptinhalt des ersten Teils des Isolierten Staates bildet. Trotzdem ahnte aber Ehrenberg, daß die Buchführungsergebnisse doch eine größere Rolle spielen, als nur zur Kontrolle zu dienen, wie die gesamte Nationalökonomie vor ihm annahm. Seine These ist nicht falscher als die der seitherigen Nationalökonomie. Die Buchführungsergebnisse dienen bei Thünen keineswegs nur zur Kontrolle, durch die Buchführungsergebnisse sind allerdings auch nicht die Gesetze gefunden, aber sie haben trotzdem eine grundlegende Bedeutung. Die Verwendung der Buchführungsergebnisse eröffnet geradezu eine neue Aera der Nationalökonomie.

Die Buchführungsergebnisse dienen nämlich bei Thünen zur Anwendung der gefundenen Gesetze. Der echte Ökonom will nicht nur Gesetze finden. Die ökonomische Richtung, die sich auf die Ableitung der Gesetze beschränken möchte, ist eine Fehlentwicklung der Nationalökonomie. Der echte Ökonom will die gefundenen Gesetze auch anwenden. Er will die Welt, um mit einem Worte Marxens zu sprechen, nicht nur anders interpretieren, sondern entsprechend verändern. Zu dieser Veränderung der Welt, zu dieser Anwendung der gefundenen Gesetze, bedarf er des konkreten Zahlenmaterials. Und diese Verwendung des konkreten Zahlenmaterials hat Thünen als erster vorbildlich gehandhabt. Er geht dabei die beiden einzig möglichen Wege.

In allen den Fällen, in denen die ökonomische Analyse ohne komplizierte mathematische Operationen durchgeführt werden kann, sondern schon auf Grund logischen Nachdenkens möglich ist, nimmt Thünen die ökonomische Analyse gleich an Hand des sinngemäß abge-

---

[22] siehe dieZusammenstellung der Urteile bei E. Gutenberg, Thünens Isolierter Staat als Fiktion. München 1922.

[23] R. Ehrenberg, Entstehung und Wesen der wissenschaftlichen Methode Johann Heinrich von Thünens. „Thünen-Archiv", Jena, Bd. 2, 1909, Seite 511ff.

[24] R. Passow, Die Methode der nationalökonomischen Forschung J. H. von Thünens. Zeitschrift für die gesamte Staatswissenschaft. Tübingen, Bd. 58, 1902, Heft 1.

änderten Zahlenmaterials vor mit dem Ziel, das Ergebnis in Zahlen praktisch zu verwenden. In seiner Taxarbeit aus dem Jahre 1817 erzielte er damit den glänzendsten Erfolg. Aus den sinngemäß ausgewählten Buchführungsergebnissen seines Betriebes Tellow leitete er die Reinerträge aller Betriebe Mecklenburgs ab.

Wenn aber kompliziertere mathematische Operationen erforderlich waren, wie etwa im 2. Teil des Isolierten Staates bei der Ableitung der $\sqrt{ap}$, die ohne Differentiation nicht möglich ist, setzt er das konkrete Zahlenmaterial zur Anwendung des Ergebnisses auf praktische Fälle erst nach der mathematisch vorgenommenen ökonomischen Analyse ein. So und nicht anders verwendet die fortschrittliche Ökonomie das monographische oder statistische Zahlenmaterial.

Das ist die „vollendete Harmonie zwischen theoretischem Theorem und Tatsachen", von der E. Schneider spricht und deshalb ist „Thünen — und kein anderer" — in der Tat der „Pionier der modernen ökonomischen Forschung"[25].

Immer noch nicht genügend gewürdigt wird auch der methodologische Beitrag, den Thünen zur Frage der Voraussetzungslosigkeit der Ökonomie geliefert hat. Im Jahre 1842 erschien das aufsehenerregende Werk L. Steins[26] über den Sozialismus und Kommunismus des heutigen Frankreichs. Das Buch ließ Thünen nicht los. Es riß ihn zu immer erneuten Untersuchungen zur $\sqrt{ap}$ hin. Außerdem veranlaßte es ihn zu einem Bekenntnis zur politischen Ökonomie. L. Stein wirft der Ökonomie vor, daß sie nur feststellt, was ist, nicht aber was sein muß, weil sie kein „höchstes Grundprinzip" habe, das keinem andern untergeordnet sei. Dieses höchste Grundprinzip gebe aber der Sozialismus in der Bestimmung des Menschen. Thünen fand diesen der Nationalökonomie gemachten Vorwurf nicht unbegründet, meinte aber, daß dieser nur die Wissenschaft in ihrer jetzigen Gestalt träfe, nicht aber das Wesen der Wissenschaft selbst[27]. „Denn nichts hindert, daß sie das Grundprinzip des Sozialismus in sich aufnimmt und zu dem ihrigen macht. Ja, ich habe gefunden — wie der Verfolg dieser Schrift zeigen wird — daß das tiefere Eindringen in die Frage: Welches ist der naturgemäße Arbeitslohn? in den letzten Stadien unmittelbar zu der Frage über die Bestimmung des Menschen führt.

Nach meiner Ansicht können wir nur durch Verschmelzung beider Wissenschaften der Erforschung der Wahrheit näherkommen.

Durch eine solche Vereinigung würden dann auch der Phantasie der Sozialisten mit ihren aus der Unkenntnis der Gesetze der Nationalökonomie entspringenden Vorschlägen die Flügel beschnitten werden."

Gänzlich unbeachtet geblieben sind bisher die methodologischen Beiträge, die Thünen in die Form mathematischer Parallelen gekleidet hat. Im zweiten Teil des Isolierten Staates, in dem Thünen zunächst die Methode des ersten Teils bespricht, heißt es beispielsweise[28], „Glücklicherweise finden wir den Beweis dafür (für das methodologische Vorgehen im ersten Teil) in der Wissenschaft, die nicht trügt — in der Mathematik.

In der Differentialrechnung wird nämlich, wenn man von einer Funktion, die mehrere veränderliche Größen enthält, das Maximum des Wertes sucht, bei der Differentiation zuerst nur die eine Größe als veränderlich, die andern aber als konstant betrachtet, und nachdem man den für diese Größe — durch Gleichstellung ihres Differentials mit Null —

[25] E. Schneider, Schmollers Jahrbuch. Jahrg. 59, 1935, S. 88.

[26] L. Stein, Der Sozialismus und Kommunismus des heutigen Frankreichs. Leipzig 1842.

[27] J. H. von Thünen, Der Isolierte Staat. 2. Teil, 1. Abteilung, 1850, S. 189.

[28] J. H. von Thünen, Der Isolierte Staat. 2. Teil, 1. Abteilung, Rostock 1850, S. 10.

gefundenen Wert in die Funktion gesetzt hat, wird die zweite veränderliche Größe der Differentiation unterworfen, der sich ergebende Wert derselben substituiert, und so fortgefahren, bis alle veränderlichen Größen aus der Funktion verschwunden sind.

Soll nun das erwiesen richtige Verfahren der Mathematiker auch für die Richtigkeit unserer Methode Beweiskraft haben, so muß nachgewiesen werden, daß wir, wie sie ein Maximum zu finden streben, und zum Gegenstand unserer Untersuchung machen". Von solchen mathematischen Parallelen ist bei Thünen sehr oft die Rede.

Von den drei grundlegenden Leistungen, die gleich neben den Untersuchungen zur landwirtschaftlichen Standortslehre, neben den Untersuchungen zur $\sqrt{ap}$ und neben den methodologischen Beiträgen genannt werden müssen, ist die Thünensche Grundlegung der landwirtschaftlichen Taxationslehre von der neueren Rostocker Thünenforschung am weitesten geklärt worden[29].

Im Herbst des Jahres 1817 erschien in den Neuen Annalen der Mecklenburgischen Landwirtschaftsgesellschaft ein 150 Seiten umfassender anonymer Beitrag J. H. von Thünens „Über die Einführung eines Kreditsystems in Mecklenburg und über die Bestimmung des Pfandwerts der mecklenburgischen Landgüter". In dieser Abhandlung wird nachgewiesen, daß die auf Grund der Bestimmungen des Landesgrundgesetzlichen Erbvergleichs von 1755 in den letzten Jahrzehnten des 18. Jahrhunderts in Mecklenburg durchgeführte Bonitierung nach Scheffel Einsaat entgegen der landläufigen Meinung durchaus zur Bestimmung des Pfandwerts der Güter zu gebrauchen, ein „wahres Geschenk" für den Kreditverein sei. Falsch seien nicht die Klassen, sondern nur die Wertzahlen, die man den Klassen zuerteilt hatte. Man brauche keine neue Klassenzuteilung aller Böden an Ort und Stelle durchzuführen, sondern brauche nur eine Neubewertung der alten Klassen vom grünen Tisch aus vorzunehmen. Schon im Frühjahr des Jahres 1818 wurden die Thünenschen Vorschläge angenommen. Diese von Thünen vorgeschlagene Neubewertung alter Klassen war nicht nur von größter praktischer Bedeutung, sie ist nicht nur von großem historischem Interesse, sie hat darüber hinaus bleibenden theoretischen Wert. Staatliche Bonitierungen können schon wegen der großen Kosten, die sie verschlingen, bestenfalls in jeder Generation einmal durchgeführt werden. Trotz dieser kurzen Lebensdauer veralten sie bald mehr und mehr, sie können dann aber durch Neubewertung der alten Klassen, sozusagen vom grünen Tisch aus, ohne daß eine neue Einbonitierung aller einzelnen Böden wiederholt zu werden braucht, bis zu einem gewissen Grade auf dem laufenden gehalten werden. Auch ergibt sich oft die Notwendigkeit einer Neubewertung der alten Klassen, wenn die Bonitierung anderen als den ursprünglich vorgesehenen Zwecken dienstbar gemacht werden soll, wie etwa die Reichsbodenschätzung heute der Ablieferung. Bei dieser Nutzbarmachung alter Bonitierungen kann Thünen uns der große Lehrmeister sein. Allein schon aus diesem Grunde verdient Thünens Beitrag in der noch zu schaffenden Sammlung taxwissenschaftlicher Meister einen Ehrenplatz.

Wenn aber die neuere Rostocker Thünenforschung ihren Meister als Bahnbrecher auf dem Gebiete der landwirtschaftlichen Taxationslehre feiert, so denkt sie dabei erst in zweiter Linie an diese schon von O. Mielck vor 25 Jahren in seiner Dissertation über die Mecklenburgische Bonitierung nach Scheffel Saat gewürdigte Neubewertung der alten Klassen, die Thünen vorschlug. Wir denken dabei vielmehr in erster Linie an den Weg, den Thünen ging, um zu den neuen Wertzahlen für die alten Klassen zu kommen. Diese Gewinnung der Wert-

[29] A. Petersen, Johann Heinrich von Thünen als Bahnbrecher auf dem Gebiet der landwirtschaftlichen Taxationslehre. Akademienummer der M. d. D. L. G. Juni 1950. S. 223—225.

zahlen ist eines der schwierigsten Kapitel der Landwirtschaftlichen Taxationslehre, und hier geht Thünen einen Weg, der noch nie gewürdigt worden ist, dem aber die Zukunft gehören dürfte.

Thünen geht den Weg über die Buchführungsergebnisse. Ein solcher Weg wird zwar auch heute bei der Reichsbodenschätzung zu beschreiten versucht, aber wie der Leiter dieses Schätzungswerkes in seiner letzten Veröffentlichung[30] zugibt, ohne rechten Erfolg. Aus Mangel an Buchführungsmaterial sind die Wertzahlen der Reichsbodenschätzung in erster Linie aus Kauf- und Pachtpreisen und aus allgemeinen Vorstellungen über die Reinertragsfähigkeit der verschiedenen Böden abgeleitet worden. Man glaubt nämlich heute, bei der Verwendung von Buchführungsmaterial, vieler Ergebnisse zu bedürfen. Einzelergebnisse seien unbrauchbar, da sich in diesen nicht so sehr die Ergiebigkeit der Ertragsquelle als vielmehr die Tüchtigkeit des jeweiligen Betriebsleiters wiederspiegele. Zur Ausschaltung dieses Betriebsleitereinflusses bedürfe es der statistischen Verarbeitung einer Unzahl von Buchführungsergebnissen, damit das Gesetz der großen Zahl sich auswirken könne und so der Betriebsleitereinfluß ausgeschaltet würde. Thünen dagegen leitet die Reinerträge sämtlicher Güter Mecklenburgs aus den Buchführungsergebnissen seines einen Gutes Tellow ab, und zwar mit vollem Erfolge. Der Betriebsleitereinfluß wird dadurch ausgeschaltet, daß die Ergebnisse nicht nur verarbeitet werden, sondern vorher erarbeitet wurden, so daß der Betriebsleitereinfluß bekannt ist und gebührend berücksichtigt werden kann. Gewiß wäre es besser gewesen, Thünen hätte sich außer auf sein Gut Tellow auch noch auf einige andere Güter mit besserem Boden und auf einige andere mit geringerem Boden „stützen" können. Dann hätte er die Rohertrags- und Unkostenzahlen seines Betriebes nicht so stark zu variieren brauchen, um zu den Reinertragszahlen aller Böden zu kommen, wobei leicht einmal Fehler unterlaufen können. In dieser Richtung werden wir die „monographische Methode" Thünens zur „Stützpunkttaxe" ausbauen müssen. Dann können die Buchführungsergebnisse endlich einmal in den Dienst der Taxation gestellt werden. Nicht die statistische Verarbeitung einer Unzahl unkontrollierter und unkontrollierbarer Buchführungsergebnisse, sondern die von Thünen gezeigte Erarbeitung und Verarbeitung von Einzelergebnissen hat die Zukunft nicht nur in der Landwirtschaftlichen Taxationslehre, sondern auch in der Betriebslehre. Nur dort, wo es wie so oft in der Agrarpolitik auf die Gewinnung von Durchschnittszahlen ankommt, steht die statistische Verarbeitung möglichst vieler Buchführungsergebnisse obenan.

Daß Thünen ein erfolgreicher praktischer Landwirt war, ist allgemein bekannt. Aber man glaubte bisher, daß er die Landwirtschaft nicht aus Passion betrieb, sondern daß er in erster Linie wirtschaftete, um Unterlagen für seine ökonomischen Untersuchungen zu gewinnen und um die gewonnenen ökonomischen Theorien in der Praxis zu erproben. Die neuere Rostocker Thünenforschung hat dagegen herausgefunden, daß Thünen ein passionierter praktischer Landwirt war und große Leistungen auf fast allen Gebieten der Landwirtschaft aufzuweisen hat; insbesondere aber hat er die Hebung der Bodenfruchtbarkeit mächtig vorangetrieben. Auch diese Leistungen sind nicht nur von historischem Interesse, sie hatten nicht nur damals einen hohen praktischen Wert, sie sind darüber hinaus weitgehend von Gegenwartsbedeutung, da wir die damaligen Erkenntnisse noch nicht vollständig erfaßt und infolgedessen auch nur teilweise weiterverfolgt und ausgewertet haben.

Zu seinen Lebzeiten war Thünen in Mecklenburg unter den praktischen Landwirten als Verfasser des Isolierten Staates kaum bekannt. In den Annalen der Mecklenburgischen

[30] W. Rothkegel, Landwirtschaftliche Schätzungslehre, Stuttgart 1947, S. 79, 84.

Landwirtschaftsgesellschaft findet sich keine Besprechung des Isolierten Staates. In den Jahren von 1826 bis zu Thünens Tode wird nur dreimal gelegentlich auf den Isolierten Staat verwiesen. Die praktische Landwirtschaft verstand die hochtheoretischen Ausführungen kaum, verehrte diese Untersuchungen, die Thünen zum Range eines klassischen Nationalökonomen erhoben, im besten Falle scheu. Aber berühmt war Thünen in Mecklenburg als praktischer Landwirt und als solcher insbesondere als Pionier auf dem Gebiete der Hebung der Bodenfruchtbarkeit. Typisch ist, daß A. v. Lengerke[31], als er im Herbst des Jahres 1825 die fortschrittlichen Wirtschaften Mecklenburgs bereiste, beim Besuch Tellows mit Thünen über den Isolierten Staat, der gerade herausgegeben wurde, nicht gesprochen hat. Nicht als Geburtsstätte des Isolierten Staates schildert er Tellow in seinem Reisebericht in den Annalen, sondern als großartige Versuchsstation auf dem Gebiete der Hebung der Bodenfruchtbarkeit. In dem von ihm in den dreißiger Jahren herausgegebenen Landwirtschaftlichen Lexikon heißt es dementsprechend, daß der Isolierte Staat als unsterbliches Werk wohl erst von der Nachwelt verstanden und ausgewertet werden würde, daß dagegen Thünen als praktischer Landwirt und als Wahrer und Mehrer der Bodenfruchtbarkeit bereits heute zusammen mit Carl Pogge dastehe „als einer der seltensten Wohltäter seiner Landsleute“.

Über vier Maßnahmen zur Wahrung und Mehrung der Bodenfruchtbarkeit und Thünens Anteil daran, liegen bereits aus der neueren Rostocker Thünenforschung Arbeiten vor: über das Mergeln[32], über das Gipsen[33], über das Besanden der Wiesen[34] und über das Bemodern der Äcker[35].

Das Mergeln ist nicht von Thünen erfunden worden. Schon im Altertum bekannt und in Zeiten steigender Bevölkerung immer wieder angewandt, um dann in Niedergangszeiten wieder in Vergessenheit zu geraten, kam es zu Beginn des 19. Jahrhunderts von Schleswig-Holstein ausgehend erstmalig großstilig und systematisch zur Anwendung. Thünen hat auch nicht einmal als erster in Mecklenburg gemergelt. Aber er hat die gesamte Ackerfeldmark seines Gutes mit Ausnahme der besonders leichten und der besonders fruchtbaren Schläge von 1810—1824 durchgemergelt und über die Ausführung, die Kosten und die Mehrerträge so eingehend und zuverlässig berichtet, daß die neue Bodenverbesserung sich schnell durchsetzte und daß wir heute über diese große Bodenmelioration, die die norddeutsche Landwirtschaft durchgeführt hat, genau Bescheid wissen. 1100 Morgen Ackerlandes wurden in Tellow von 1810 bis 1824 mit etwa 70000 zweispännigen Karren Mergel befahren, jeder Karren faßte etwa 0,5 cbm, so daß etwa 60 Karren oder 30 cbm/vha Mergel angewendet worden sind. Gemergelt wurde möglichst im Winter, und zwar der abtragende Weideschlag in der siebenfeldrigen mecklenburgischen Koppelwirtschaft. Man ließ den Mergel möglichst durchfrieren, zerkleinerte ihn anschließend weiter mit Egge, Walze, Egge und Kloßhammer und pflügte ihn dann zunächst durch Schälen und dann durch zweimaliges immer tieferes Pflügen ein. Die Kosten beliefen sich auf 10—12 M/vha. Die Erträge wurden um $2\frac{1}{2}$ Zntr./vha Getreide gesteigert, so daß schon die höheren Erträge des auf die Brache folgenden Getreides das Mergeln bezahlt machten. Die Wirkung hielt durch drei Rotationen an, also über 20 Jahre. Die Mergeldüngung ist damit eine der einträglichsten Meliorationen, die je in der deutschen

---

[31] A. von Lengerke, Ökonomische Reise durch Mecklenburg. Neue Annalen der Mecklenburgischen Landwirtschaftsgesellschaft. Rostock 1826.

[32] K. L. Hamel, Die Ertragssteigerung in der Deutschen Landwirtschaft unter dem Einfluß der Mergeldüngung, dargestellt an dem von Thünenschen Betrieb Tellow in Mecklenburg. Diss. 1944. Thünen-Archiv.

[33] Chr. G. von Bernstorff, Die Gipsdüngung in Mecklenburg. Rostock 1949, Thünen-Archiv.

[34] E. Rübensam, Das Besanden der Moorwiesen und Moorweiden unter besonderer Berücksichtigung der Humusbildung durch Gräser in der Sanddeckschicht. Diss. Rostock 1950. Thünen-Archiv.

[35] G. Hördler, Johann Heinrich von Thünen als Wahrer und Mehrer der Bodenfruchtbarkeit. Rostock 1950. Thünen-Archiv.

Landwirtschaft durchgeführt worden sind, und Thünen betont mit Recht, daß so mancher Landwirt die Krise von 1819—1826 in erster Linie mit Hilfe der Mergeldüngung überstanden hat. Der Mergel machte auch nicht nur reiche „Väter". Die Kinder wurden nur dort „arm", wo man die Mergeldüngung für Mistersatz hielt. Wer aber wie Thünen den „enormen" Strohzuwachs, der durch die Mergeldüngung erzielt wurde, zur verstärkten Stallmistdüngung benutzte, der brauchte Rückschläge nicht zu befürchten. Im übrigen wurden durch die Mergelung die ehemals nur haferfähigen Mittelböden klee- und gerstefähig, die ehemals nur gerstefähigen Übermittelböden aber weizenfähig. Während Thünen vor der Mergelung $\frac{2}{3}$ der Wintergetreidefläche mit Roggen bebaute und nur $\frac{1}{3}$ mit Weizen, war das Anbauverhältnis später umgekehrt. Interessant ist, daß Thünen die Mergelbedürftigkeit nicht nur an dem Auftreten des kleinen Sauerampfers und der Saatwucherblume erkannte, sondern den Boden auch mit Lackmuspapier auf Säure untersuchte. Er fand dabei, daß die Äcker um so saurer waren, je weiter sie vom Hofe entfernt lagen, je seltener sie also mit Stallmist gedüngt worden waren. Man fand später, daß der Phosphorsäuregehalt ebenso wie der Kalkgehalt des Bodens mit der Entfernung vom Wirtschaftszentrum abnimmt und benutzt diese Tatsache heute in der Siedlungsforschung zur Feststellung ehemaliger Besiedlungen[36].

Auch das Gipsen ist nicht von Thünen erfunden worden. Das Gipsen des Klees war eine damals allgemein übliche Düngungsmaßnahme. Aber wieder geben uns Thünens Beobachtungen und Aufzeichnungen die Möglichkeit, die in Vergessenheit geratene Düngungsmaßnahme zu rekonstruieren, und außerdem liefern sie manchen Fingerzeig zur Klärung und eventuellen Wiedereinführung der Gipsdüngung.

Gedüngt wurde etwa $\frac{1}{2}$ Zntr. Gips/vha. Der Mehrertrag beim Klee war etwa 1 Ztnr./vha Heu. Die Gipswirkung ging über den Boden und nicht über die Blätter, wie man ursprünglich dachte. Im Boden wirkt der Gips wahrscheinlich nicht nur als Nährstoff, sondern auch auf die Bodenstruktur. Die günstige Wirkung des Gipses auf die Bodenstruktur ist neuerdings namentlich von J. Görbing[37] wieder hervorgehoben worden. Görbing führt die Überlegenheit des schwefelsauren Kalkes über den kohlensauren Kalk darauf zurück, daß jener im Wasser viel leichter löslich ist als dieser. Kohlensaurer Kalk wird stärker löslich nur in CO_2-haltigem Wasser, seine günstige Wirkung auf die Bodenstruktur ist deshalb im Gegensatz zu der des Gipses an die regere biologische Tätigkeit des Bodens gebunden.

Noch wichtiger scheint mir eine andere Beobachtung Thünens zu sein, nämlich das geradezu ans „Wunderbare" grenzende starke Auftreten der verschiedenen Wiesenkleearten nach der Gipsdüngung[38]. Diese Erfahrung Thünens steht in voller Übereinstimmung mit den Beobachtungen, die F. Berkner[39] bei seinen langjährigen Wiesendüngungsversuchen machte. Nicht die Düngung mit Kali und Thomasmehl ergab den stärksten Kleewuchs auf den Wiesen, sondern die Düngung mit Kali und Superphosphat. Berkner glaubt, daß die besondere Wirkung des Superphosphats auf dessen Gipsgehalt zurückzuführen sei. Neuere Versuche auf diesem Gebiet wären außerordentlich vordringlich. Bisher war kein Mittel bekannt, mit Sicherheit kleereiche Wiesen zu erzeugen. Die Düngung mit Kali und Thomasmehl führt nur manchmal zum gewünschten Erfolg. Sollte die Kali-Superphosphatdüngung sich hier als überlegen herausstellen, dann wäre aus der Not eine Tugend gemacht. Steht uns im Augenblick doch nur Superphosphat in größeren Mengen zur Verfügung.

---

[36] H. Riehm, Bodenuntersuchungen und ThünenscheKreislehre. Zeitschrift für Pflanzenernährung, Düngung, Bodenkunde. 1949, Heft 2, S. 133—143.

[37] J. Görbing, Die Grundlagen der Gare im praktischen Ackerbau. Hannover 1947.

[38] J. H. von Thünen, Über das Befahren der Moorwiesen mit Erde. Amtlicher Bericht über die Versammlung deutscher Land- und Forstwirte zu Doberan. 1842, S. 66—70.

[39] F. Berkner, Kritische Beiträge zu verschiedenen wiesenwirtschaftlichen Fragen der Gegenwart. Mitteil. der landwirtschaftlichen Institute. Breslau 1914.

Das Besanden der Wiesen wurde 1818 von Thünens Freund, dem Domänenrat Carl Pogge erfunden. Thünen hat nicht nur in Tellow alle nicht bewässerbaren Wiesen besandet, er hat auch an dem weiteren Ausbau des Verfahrens einen wesentlichen Anteil. Die Schwierigkeit vor dem Aufkommen der Kaliphosphatdüngung bestand darin, die besandeten Moorwiesen im Ertrage zu halten. Den größten Erfolg erzielte Thünen dabei mit der Gipsdüngung. Sein Vortrag „Über das Befahren der Moorwiesen mit Erde“ auf der Wanderversammlung der deutschen Land- und Forstwirte, Doberan 1841, erlaubt nicht nur eine volle Rekonstruktion des Verfahrens in jeder Beziehung, sondern enthält auch prophetische Worte über die Hebung der Schätze, die in unseren Moorböden ruhen. Leider ist die Besandung mit dem Aufkommen der schweren Wiesenwalze mehr und mehr in Vergessenheit geraten. Die neueren Rostocker Untersuchungen haben ergeben, daß diese Vernachlässigung ungerechtfertigt ist, zumal die Sanddeckschicht nicht 10—12 cm stark zu sein braucht, wie man damals annahm, sondern nur 5—6 cm. In der Sanddeckschicht geht nämlich eine so starke Humusbildung vor sich, daß die Schicht von Jahr zu Jahr anschwillt. 1 mm Wachstum im Jahr wurde bei Untersuchung früher besandeter Flächen als normales Wachstum der Sandschicht festgestellt.

Das Bemodern des Ackers war zu Thünens Zeiten eine regelmäßig durchgeführte Maßnahme. Thünen selbst fuhr von 1810—1820 jährlich etwa 1300 zweispännige Karren Moder oder Moor auf den Acker, in einigen Jahren aber stiegen die aufgefahrenen Mengen bis auf 10000 Fuder. Soweit es sich dabei um sogenannten „Wiedenmoder“ handelt, d. h. um Rasenteile, die beim Grabenziehen in den Wiesen anfielen oder um „Schlammoder“ aus den Teichen und Gräben, die beide nach einer einjährigen Gärung im Moderhaufen auf den Acker gefahren wurden, ist diese Moderung für uns kein besonderes Problem. Thünen hat aber auch den Moorboden aus den Moorwiesen ausgegraben und mit Erfolg auf Moder verarbeitet. Leider war es aber bisher nicht möglich, das Verfahren zu rekonstruieren, weil es in dem 25000 Seiten starken handschriftlichen Nachlaß nicht gesondert behandelt worden ist. Die Rekonstruktion des Verfahrens dürfte Veranlassung geben, die von der Wissenschaft bisher abgelehnte „Bemoorung“ erneut zu untersuchen.

Neben diesen vier bereits untersuchten Maßnahmen zur Wahrung und Mehrung der Bodenfruchtbarkeit verdienen noch mehrere andere eine eingehende Behandlung. Thünen hat Großes geleistet auf dem Gebiete der Hebung der Bodenfruchtbarkeit durch Fruchtfolgemaßnahmen. Es ist auch immer noch nicht untersucht, worauf der von besten Kennern gerühmte große Vorteil des von Thünen konstruierten Hakenpfluges gegenüber dem Haken und dem Pflug beruhte; auch seine Untersuchungen über den Exstirpator verdienen eine neue Bearbeitung, da dieses vergessene Bodenbearbeitungsgerät im Rahmen des Trawopolnajasystems neuerdings wieder eine entscheidende Rolle spielt.

Vergessen darf man auch nicht, daß es Thünen war, der immer nur zwei Möglichkeiten der Landwirtschaft anerkannte, die mit Wahrung und die mit Mehrung der Bodenfruchtbarkeit, nicht aber eine Landwirtschaft mit dem von der späteren Betriebslehre unter gewissen Verhältnissen empfohlenen Raubbau. Die Betriebslehre ist nach den traurigen Erfahrungen eines Jahrhunderts über die Verwüstung ehemaliger Kulturböden durch den Raubbau heute wieder zur Thünenschen These zurückgekehrt.

„Mögen die Sozialisten ihre ganze Aufmerksamkeit darauf richten, die Arbeit produktiver zu machen; gelingt ihnen dieses, so werden sie das Los der Arbeiter wahrhaft verbessern“[40]. Dieser Ausspruch Thünens zeigt, daß er die zentrale Rolle, die der Hebung der Arbeitspro-

[40] J. H. von Thünen, Der isolierte Staat, 2. Teil, 1. Abteilung, Rostock 1850, S. 187.

duktivität bei der Verwirklichung des Sozialismus zukommt, völlig erkannt hatte. In der Tat hat die neuere Rostocker Thünenforschung gezeigt, daß Thünen unentwegt tätig war, die Produktivität der Arbeit zu erhöhen. Letzterdings gelten seine großen Bemühungen um die Hebung der Bodenfruchtbarkeit auch der Hebung der Arbeitsproduktivität. Um vier weitere Maßnahmen zur Hebung der Arbeitsproduktivität sehen wir Thünen immer wieder bemüht, um die Einführung des Leistungslohns, um die Einführung verbesserter Maschinen, um die Anwendung besserer Arbeitsmethoden und um die Förderung der geistigen Ausbildung der Menschen. Als 1848 mehrere Nachbarn bei dem berühmten 1848er Pogge in Roggow zusammenkamen, um dort unter dem Vorsitz Thünens über die Besserstellung der Landarbeiter zu beraten, wurde festgestellt[41], daß der besondere Wohlstand der Tellower Leute auf die weitgehende Anwendung des Leistungslohns zurückzuführen sei. Die vielen Meliorationsarbeiten kamen Thünen dabei zu Hilfe. Mehr als 50% aller Arbeiten hat Thünen im Leistungslohn durchführen lassen[42]. Um die vermehrte Anwendung der Maschinen in der Landwirtschaft zu fördern, hat Thünen nicht nur die Maschinenausstellungen und -prüfungen bei dem Mecklenburgischen Patriotischen Verein eingeführt und geleitet, er hat selbst bessere Maschinen und Geräte konstruiert, und es ist nur ein dummer Zufall, daß nicht in der Nähe Tellows unter der Leitung Dr. Albans und der steten Beratung Thünens die erste große Landmaschinenfabrik Mecklenburgs entstanden ist[43]. Vorbildlich war Thünen bei der Ausbildung von Lehrlingen[44]. Noch nie sind wohl Landwirtschaftslehrlinge wieder so gut ausgebildet worden wie bei J. H. v. Thünen. Über Mecklenburg hinaus gelobt wurde die Tellower Volksschule[45]. Thünen wollte den Unterricht der Kinder bis auf das 15. Lebensjahr ausgedehnt wissen[46]. Welche große Rolle bei der Hebung der Arbeitsproduktivität Thünen der geistigen Ausbildung der Menschen zuschrieb, zeigen besser als alles andere die Schlußworte seines „Traums ernsten Inhalts. Über das Los der Arbeiter" aus dem Jahre 1826[47].

„Erwägt man nun, daß mit der größern Verbreitung der geistigen Ausbildung auch die Zahl derer wächst, welche befähigt sind, Entdeckungen und Erfindungen im Maschinenwesen und Landbau zu machen, daß jede solche Erfindung die Arbeit des Menschen wirksamer macht und durch ein größeres Produkt lohnt, daß also mit der steigenden geistigen Kultur der Mensch mehr und mehr der mühevollen körperlichen Anstrengung überhoben wird, so möchte man schließen, daß das menschliche Geschlecht nach Jahrtausenden zu einem paradiesischen Zustand gelangen könne, wo der Mensch sein Leben nicht im Müßiggang, sondern in einer mäßigen, Geist und Körper übenden, Gesundheit und Frohsinn stärkenden Tätigkeit hinbrächte.

So wäre also das Paradies das Ziel, was das menschliche Geschlecht erst nach langem Ringen und Streben erreichen kann, während die Tradition schon die ersten Menschen in ein Paradies versetzt."

---

[41] Verhandlungen über die Stellung der Tagelöhner auf den Höfen in Mecklenburg. Protokoll von Roggow 1848. Thünen-Archiv.

[42] A. Hördler, Untersuchungen über die Anwendung und Bedeutung des Leistungslohnes auf dem Gute Tellow zur Zeit Thünens (1810—1850). Thünen-Archiv 1949.

[43] G. Schröder-Lembke, J. H. von Thünen und seine mecklenburgischen Gutsnachbarn. Thünen-Archiv.

[44] I. Klein, Johann Heinrich von Thünen als Lehrherr. Thünen-Archiv.

[45] I. Klein, Die erzieherischen und sozialen Bestrebungen der Mecklenburgischen Landwirtschaftsgesellschaft, bzw. des Patriotischen Vereins von der Gründung 1798—1850. Diss. Rostock 1945.

[46] Protokolle des Mecklenburgischen Patriotischen Vereins.

[47] J. H. von Thünen, Der isolierte Staat. II. Teil, 1. Abteilung, Rostock 1850, S. 45.

Wenn wir rückblickend uns die Erweiterung des Thünenbildes vor Augen führen, die die neuere Rostocker Thünenforschung gezeitigt hat[48], so können wir trotz der Fülle des Materials, das noch zu bearbeiten ist, wohl annehmen, daß in einigen Jahrzehnten das Thünensche Lebenswerk endlich erschlossen sein wird.

Restlos erschließen wird man allerdings das ökonomische Wunder Thünen nie. Noch nach Jahrhunderten wird der Genius zum Genius kommen und sich freuen, wenn Thünen grüßt.

---

[48] Wobei wir abgesehen haben von allen Arbeiten, die Nebengebiete betreffen, die vielleicht einmal zu Hauptgebieten werden können und ebenfalls die vielen Vorarbeiten zu einer erschöpfenden Thünen-Biographie außer acht gelassen haben und selbstverständlich auch die rein archivalischen Arbeiten der Aufschlüsselung, Ergänzung und Vervollständigung des Thünen-Archivs.

DIE

ABHANDLUNGEN

DER DEUTSCHEN AKADEMIE DER WISSENSCHAFTEN ZU BERLIN

erscheinen ab Jahrgang 1951 in folgenden fünf Klassen:

Klasse für Mathematik und allgemeine Naturwissenschaften
Klasse für medizinische Wissenschaften
Klasse für technische Wissenschaften
Klasse für Sprachen, Literatur und Kunst
Klasse für Gesellschaftswissenschaften

Jede Klasse kann für sich abonniert werden, jedoch nur im festen Abonnement für einen ganzen Jahrgang, d. h. die Abnahme des ersterscheinenden Heftes eines Jahrganges verpflichtet zum Bezuge des betreffenden Jahrganges dieser Klasse. Einzelne Hefte können erst nach Belieferung aller Festbezieher abgegeben werden.

DIE ABHANDLUNGEN DER DEUTSCHEN AKADEMIE DER WISSENSCHAFTEN ZU BERLIN erscheinen in zwangloser Folge. Sie werden sofort bei Erscheinen den Abonnenten geliefert. Die Berechnung erfolgt einzeln. Die Preise der Hefte richten sich je nach ihrem Umfang.

*

Bitte geben Sie Ihre Bestellungen — in Jahresabonnements und getrennt nach Klassen — Ihrer Buchhandlung, damit Sie immer rechtzeitig beliefert werden

---

Fordern Sie ein Verzeichnis der bisher erschienenen Hefte vom

AKADEMIE-VERLAG · BERLIN NW 7

www.ingramcontent.com/pod-product-compliance
Lightning Source LLC
LaVergne TN
LVHW081350011026
849161LV00013BB/3048